どうぶつの足がた

これはどうぶつの　足がたです。
（赤ちゃんではなく、おとなの足がたです。）
自分の　手や足と　くらべてみましょう。
指や形は　どうなっていますか？
わたしたち人間と　にた形はありますか？

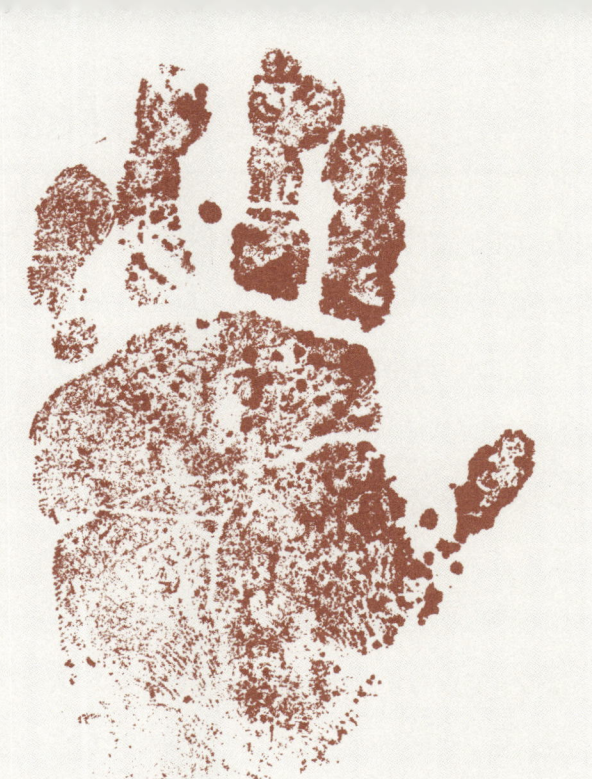

サル（ニホンザル）
左前足
人間と同じように　指先に
もよう（指もん）があります。

キツネ（キタキツネ）
左前足
やわらかい肉のふくらみ（肉球）は、
クッションの　やくめを　しています。

コアラ
右前足
人さし指が　おや指と同じむきに　ついています。この２本と　ほかの３本の指の間で　えだを　にぎります。

監修のことば

増井光子（ますい みつこ）

　自然の中には130万種以上の生き物がいるといわれ、それぞれ異なる暮らしをしています。このシリーズでは、樹上で生活するコアラをはじめ、特徴的な体をしたゾウ、キリン、また、極寒の地で暮らすシロクマ（ホッキョクグマ）、アザラシ、日本にも広く生息しているキツネやサルを取り上げ、赤ちゃんが育つ様子を紹介します。

　動物はその暮らす環境に合わせた、行動や体つきをしています。わたしたちの感覚からすると、暮らしていくのは大変だろうと思われる、寒い海洋や高い樹上などでも、実際に暮らす動物にとっては、不便のないようにできているのです。

　そこで生まれた赤ちゃんは、親や仲間に見守られながら生きていく術を学習していきます。自然界には赤ちゃんを狙う外敵もたくさんいますし、洪水、干ばつなどの気候の変化もあります。何を食べ、どのようにして危険を避けるのか、すべては赤ちゃんのそばにいる親や仲間を通して身につけていくのです。

　動物によっては同時にたくさんの兄弟が生まれたりしますが、みんな無事におとなになれるとは限りません。厳しい自然界で生き抜くためには、まず体が丈夫でなければなりません。群れの中でおとなにまじって歩いたり、仲間同士で遊ぶのは、体を丈夫にし、敏しょう性や社会性を養うのにとても大切なことです。

　いま、わたしたち人間がもたらした地球温暖化の影響で、動物たちの生息地が暮らしにくくなってきています。特に、寒い海にすむ動物たちにとっては深刻な問題です。わたしたちは、自分たちの都合ばかりではなく、地球上にすむ多くの生き物たちのことも思いやっていかねばなりません。

1937(昭和12)年、大阪生まれ。麻布獣医科大学獣医学部獣医科卒業。獣医学博士。1959年より東京都恩賜上野動物園に勤務し、1985年には日本で初めてのパンダの人工繁殖に成功。1986年にはその育成にも成功する。1990年多摩動物公園園長、1992年上野動物園園長に就任、1996年退職、同年麻布大学獣医学部教授に就任。1999年より、よこはま動物園ズーラシア園長に就任。そのほか、兵庫県立コウノトリの郷公園園長(非常勤)を務めた。2010(平成22)年没。
主な著書に「動物の親は子をどう育てるか」(学研)、「動物が好きだから」(どうぶつ社)、「60歳で夢を見つけた」(紀伊國屋書店)。監修に「NHK生きもの地球紀行(全8巻)」(ポプラ社)「動物たちのいのちの物語」(小学館)、「動物の寿命」(素朴社)などがある。

ちがいがわかる 写真絵本シリーズ

どうぶつの赤ちゃん

増井光子＝監修

ゾウ

金の星社

ここはアフリカの　サバンナとよばれる　草原地帯です。
サバンナには　いろいろなどうぶつが　すんでいます。
ライオン、チーター、シマウマ、キリン。
りくの　生きものの中で　もっとも体の大きい　どうぶつ、
アフリカゾウも　このサバンナに　すんでいます。

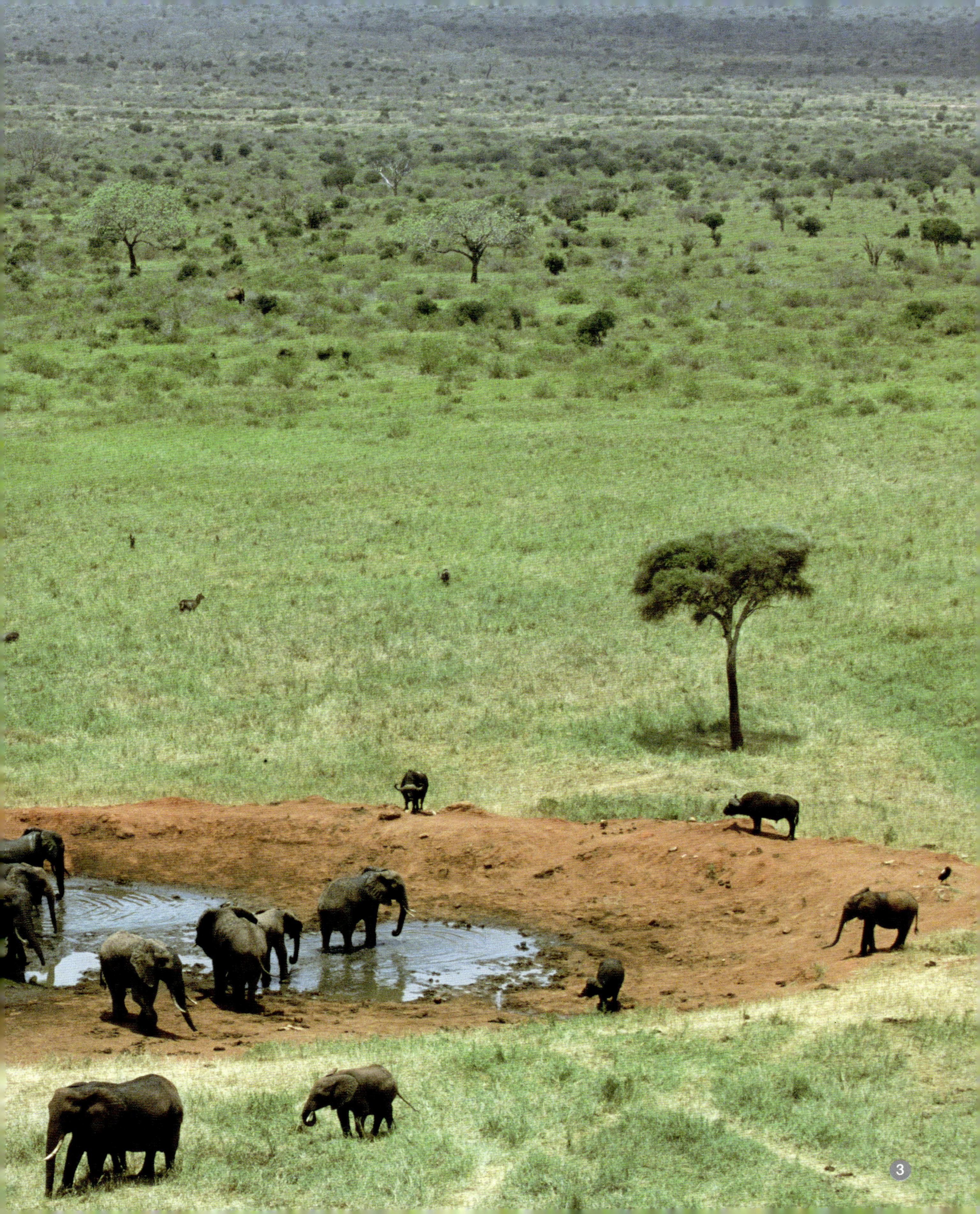

りっぱなおとなのオスは　1頭だけで　くらしますが、
メスは　10頭ほどのむれで　くらします。
むれのメンバーは　みんな　しんせきです。
リーダーのおばあさんに　おかあさんや　おばさん、

しまいや いとこの メスのゾウが、
力を合わせて くらしています。
いくつかの むれがあつまり、
数百頭の 大しゅうだんに なることもあります。

メスのゾウは　水や食べものがほうふな
雨が　よくふるきせつに　赤ちゃんを　うみます。
赤ちゃんが　おなかにいる期間は　22か月。
およそ2年間です。
これは　どうぶつの中では　いちばん長い期間です。
1回の出産で　1頭、
ごく　たまに　2頭うむこともあります。
出産のときは　むれのなかまが　手つだいます。
赤ちゃんを　つつんでいた　まくを　とりのぞいたり、
立ち上がるのを　鼻で　ささえたりします。

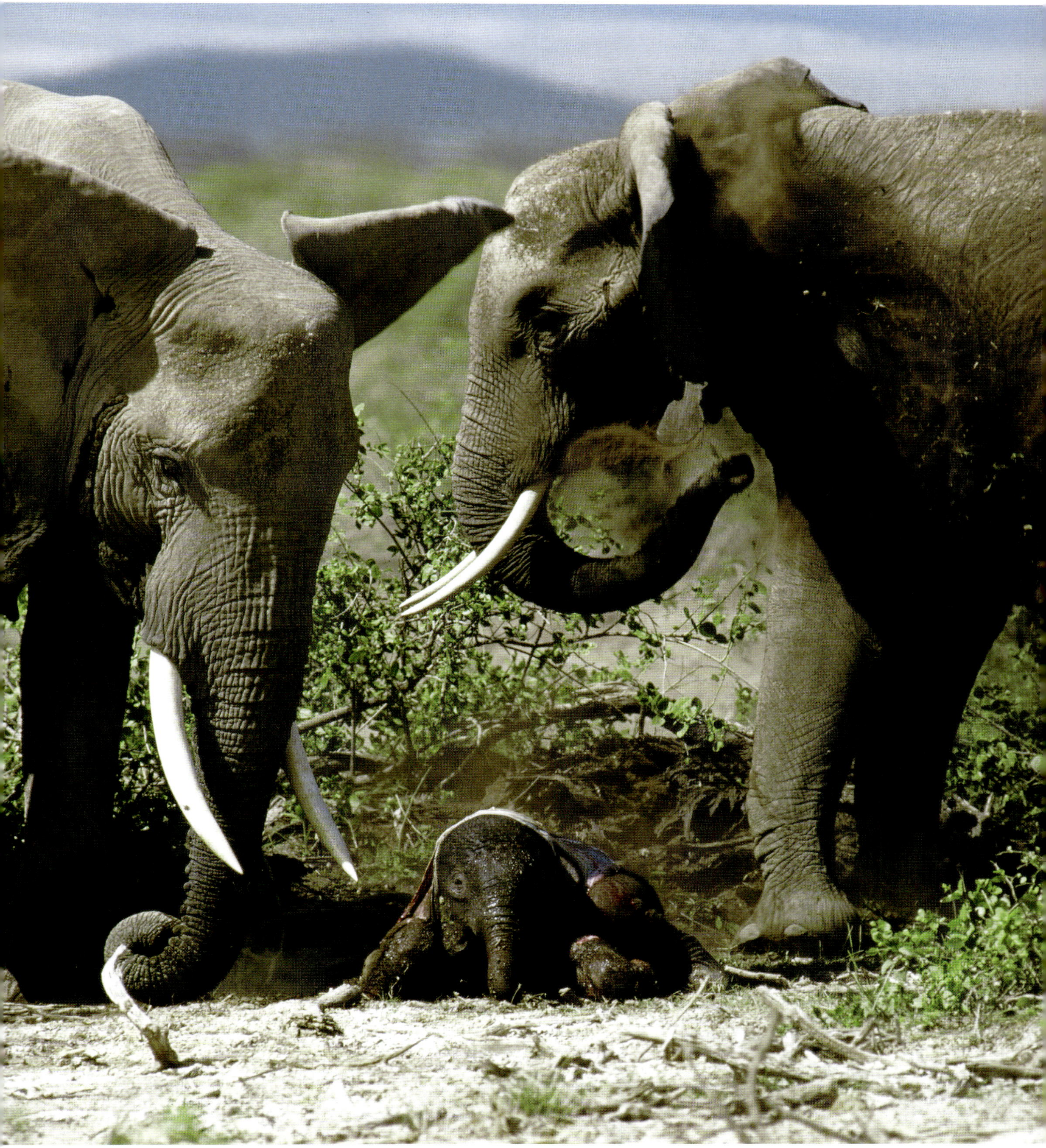

赤ちゃんは 生まれて 30分から1時間で 立ち上がりますが、
しっかり歩けるようになるのは、3日後くらいです。

おとなのゾウの体重は
3000から6000キログラムですが、
生まれたばかりの 赤ちゃんの体重は
120キログラムくらいです。
地面から せなかまでの高さは
1メートルくらいです。

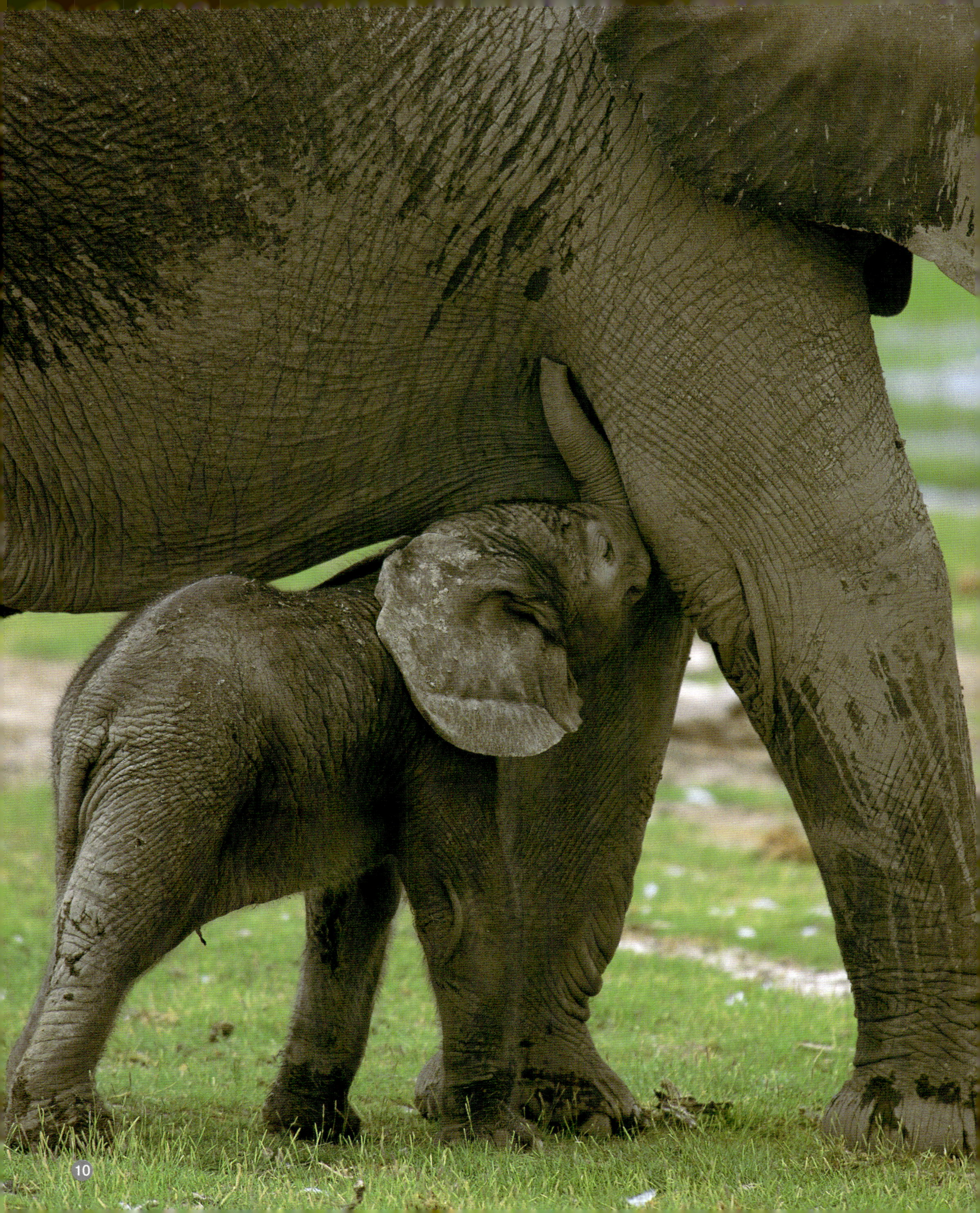

生まれてから　２、３時間もすると、
赤ちゃんは　おかあさんの　前足の間にある、
２つのちくびを　さがします。
ちくびが見つかると、赤ちゃんは　ちくびを口ですい、
はじめてのおちちを　のみます。
これから赤ちゃんは　１時間に１回くらい、
数分間ずつ　おちちをもらって、
すくすくと　大きくなります。

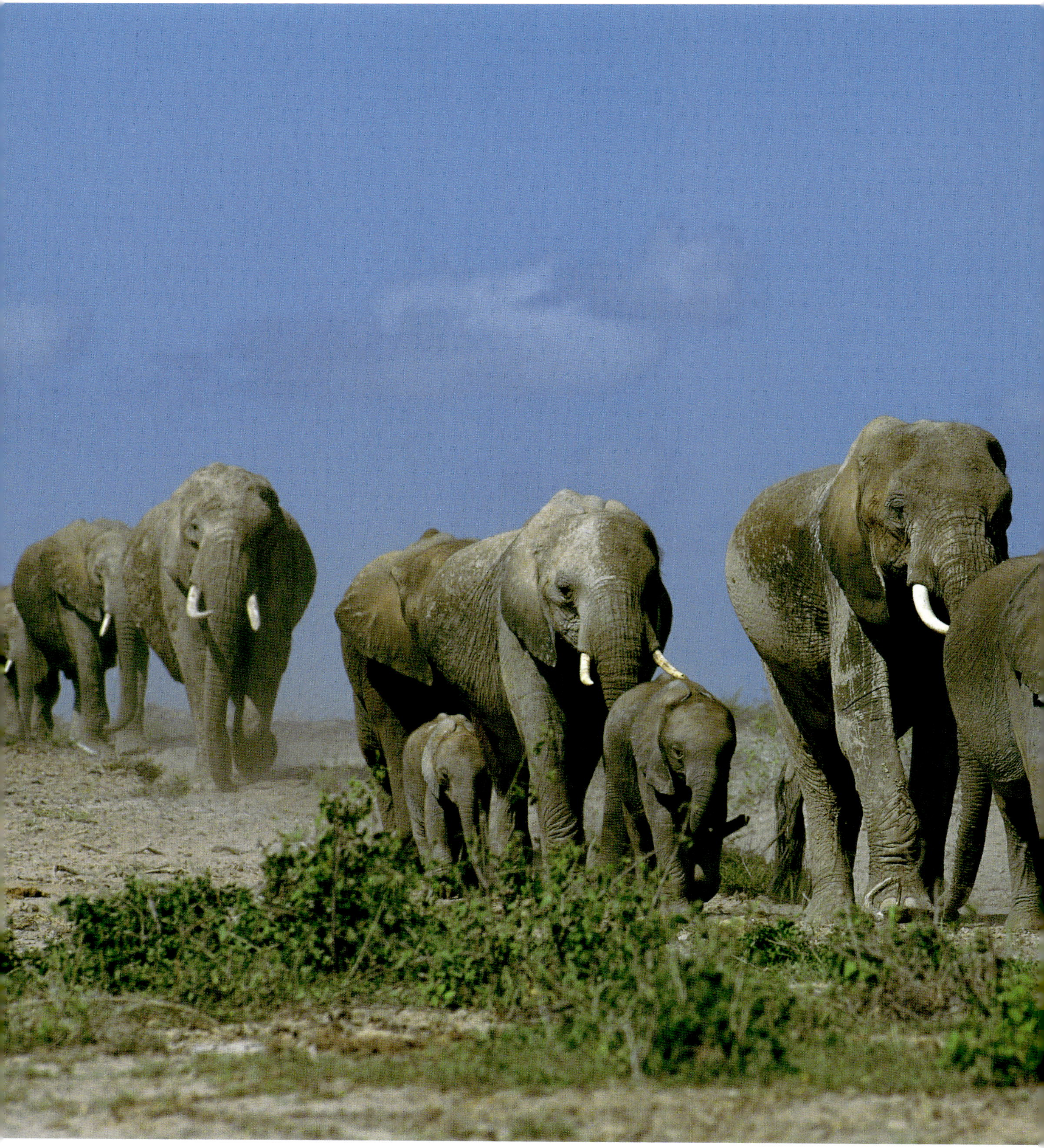

アフリカゾウは
遠くはなれた 水場とえさ場を、
1日になんども 行ったり来たりしながら
くらしています。
体の大きなアフリカゾウには、
たくさんの食べものと水が ひつようです。
いどうするときは
水場やえさ場を よく知っている
リーダーの おばあさんゾウを先頭に、
おとなが 子どもを はさむようにして、
れつになって歩きます。赤ちゃんも
いっしょうけんめい ついていきます。

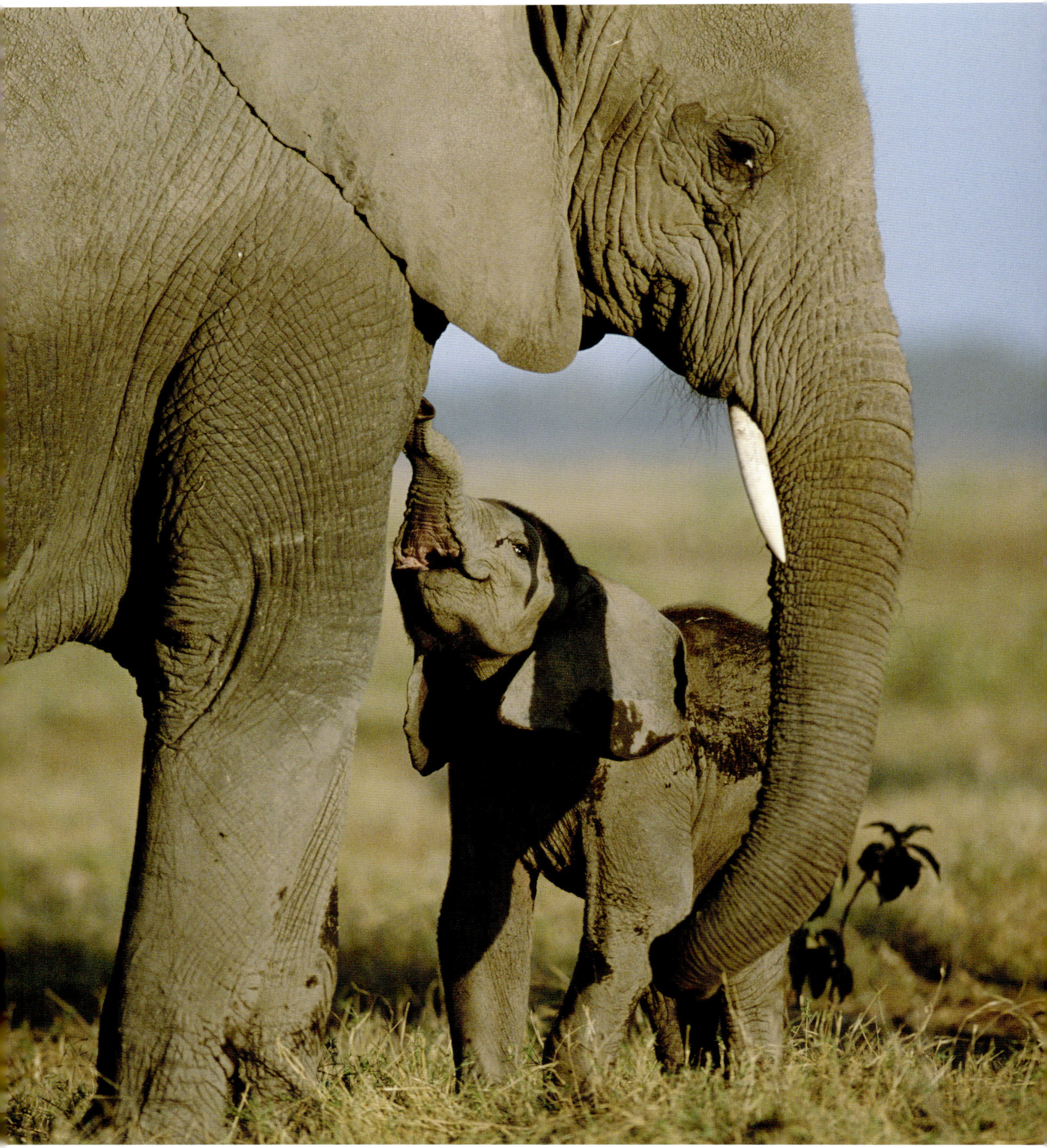

おねえさんゾウの尾に　鼻でつかまり、あそびながら歩いています。

おかあさんは　たえず赤ちゃんによりそい、

赤ちゃんがころぶと　立ち上がるのを　たすけたり、

自分の鼻で　赤ちゃんの体をさわり、

まいごにならないよう　気をくばります。

赤ちゃんも　そんなおかあさんを　とてもたよりにしていて、

おかあさんのそばから　はなれません。

むれのメスたちが　おかあさんに　かわって、

赤ちゃんの　せわを　することも　よくあります。

なんキロメートルも 歩いて、ようやく水場に たどりつくと、
長い鼻で 水をすい上げては 口にながしこんで のんだり、
シャワーのように 体にかけたりします。
赤ちゃんは はじめは、水に 口をつけて のみますが、
生まれてから 1か月くらいで 鼻を つかいだし、
しだいに うまくつかえるようになっていきます。

はじめは 口を水につけて のみます。

長い鼻は、ふかい川を わたるときにも べんりです。

アフリカゾウの　食べものは
草や木の葉、くだものなど、さまざまな　しょくぶつです。
鼻をつかって　もいでは、口に　はこんで食べます。
食べものが　少ない時期には、
かれた草や根、木のかわを　はがして食べたりもします。
おちちだけで　すごしていた赤ちゃんも、
生まれてから　4、5か月すると、しょくぶつを　食べるようになります。
でも、ちちばなれをするのは、まだなん年も　先のことです。
1日に　おとなでは　200キログラムほど、
3さいくらいの　子どもでも　20キログラムいじょう食べます。

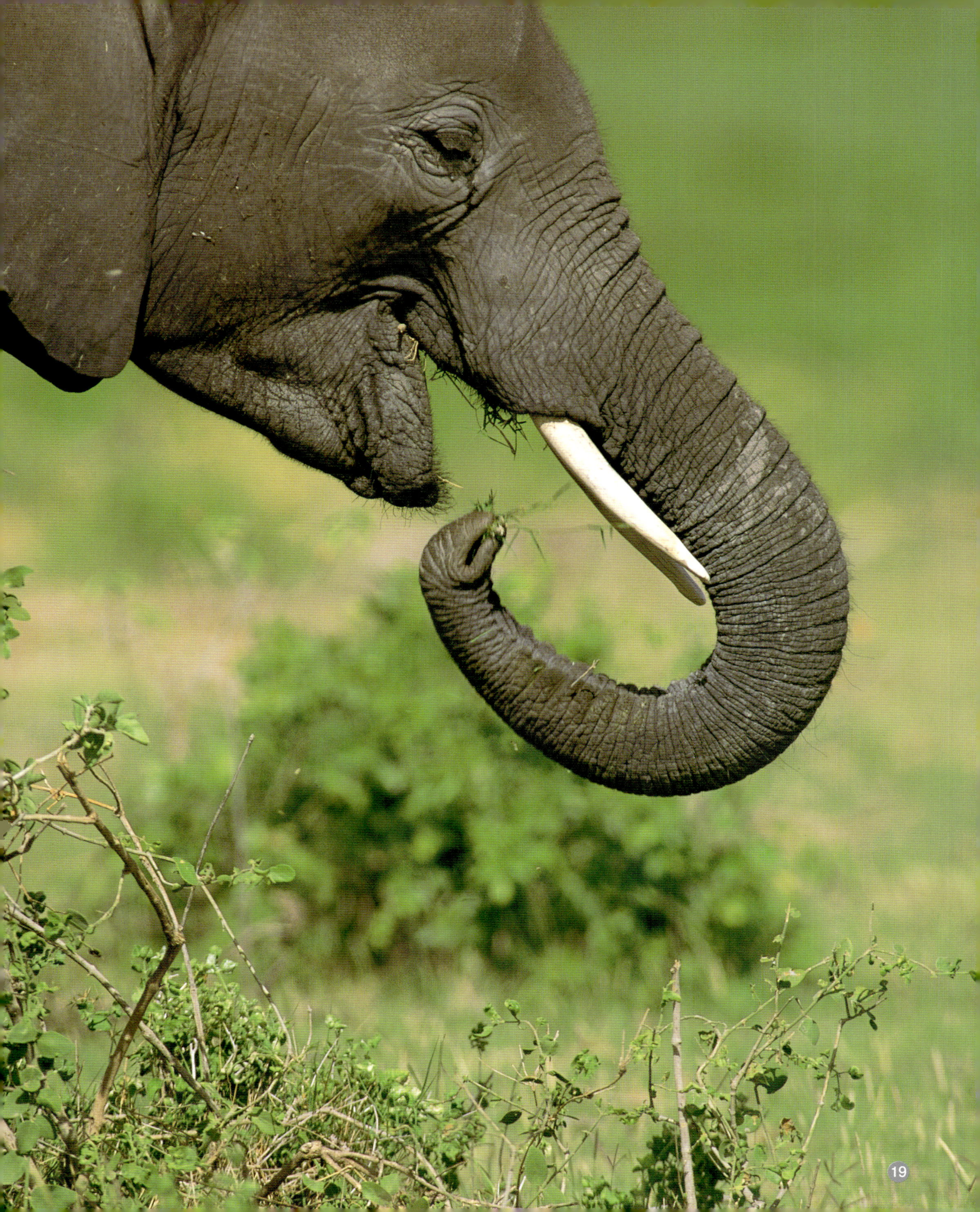

ゾウの長い鼻は、上くちびると　合わさってのびたもので、

おとなのゾウで　2メートルくらいの　長さです。

木を1本　たおしてしまうほどの　力がありますが、

鼻先にある　指のような　でっぱりは

1まいの葉を　つまめるほど　きようにうごきます。

においをかぐ力にも　すぐれ、

なき声も　鼻をとおって　ラッパのように　ひびきます。

また、鼻の横にあるきばは　前歯がのびたものです。

2さいくらいになると、口の中の歯とはべつに、

2本の前歯が生え、だんだんのびて　きばになります。

鼻を きように丸めて、休ませています。

指のような でっぱりが 上下にあります。

サバンナは　とてもあつい気こうです。
アフリカゾウは　大きな三かくの耳を　パタパタさせて、
体のねつを　にがします。
また、たいようが　てりつける昼間は　木かげで休み、
朝とゆうがたに　いどうします。
木かげがないときは、おとなは　赤ちゃんを
自分の　体のかげにいれて、休ませます。

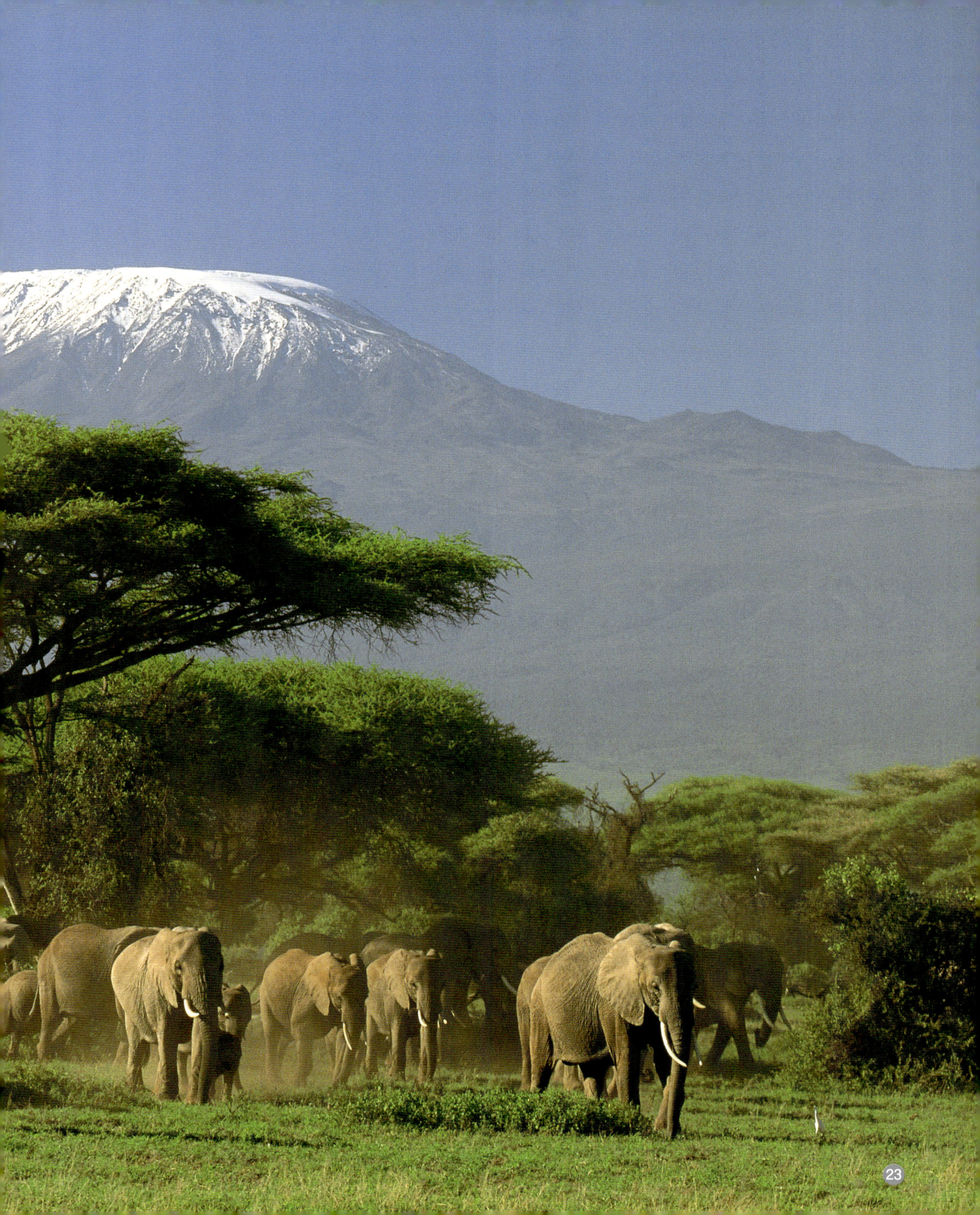

ゾウのむれは　かたいきずなで　むすばれています。
ぞれぞれに　食事をしたり　あそんでいても、
ふあんなときや　きけんが近づいたときは、
すぐに　リーダーのところに　あつまります。そして、
子どもや　赤ちゃんを　おとながかこんで　かたまります。

リーダーが　にげることを　きめたときは、
みんなでくっついたまま　いっしょに　にげます。
むれのなかまが　ライオンなどの
てきにおそわれたときには、
ほかのなかまが　たすけにいきます。

どろやすなを あびるのは ゾウにとって
たいせつな 体の手入れの ひとつで、
おふろに 入るようなものです。
どろやすなを ひふに こすりつけることで、
ばいきんや 虫をとり、体をせいけつにしているのです。
ひふに ついたままのどろは、
虫よけや 日やけ止めにもなります。
どろのシャワーを あびたり すなの中を ころがるのは、
赤ちゃんにとっては、たのしいあそびです。

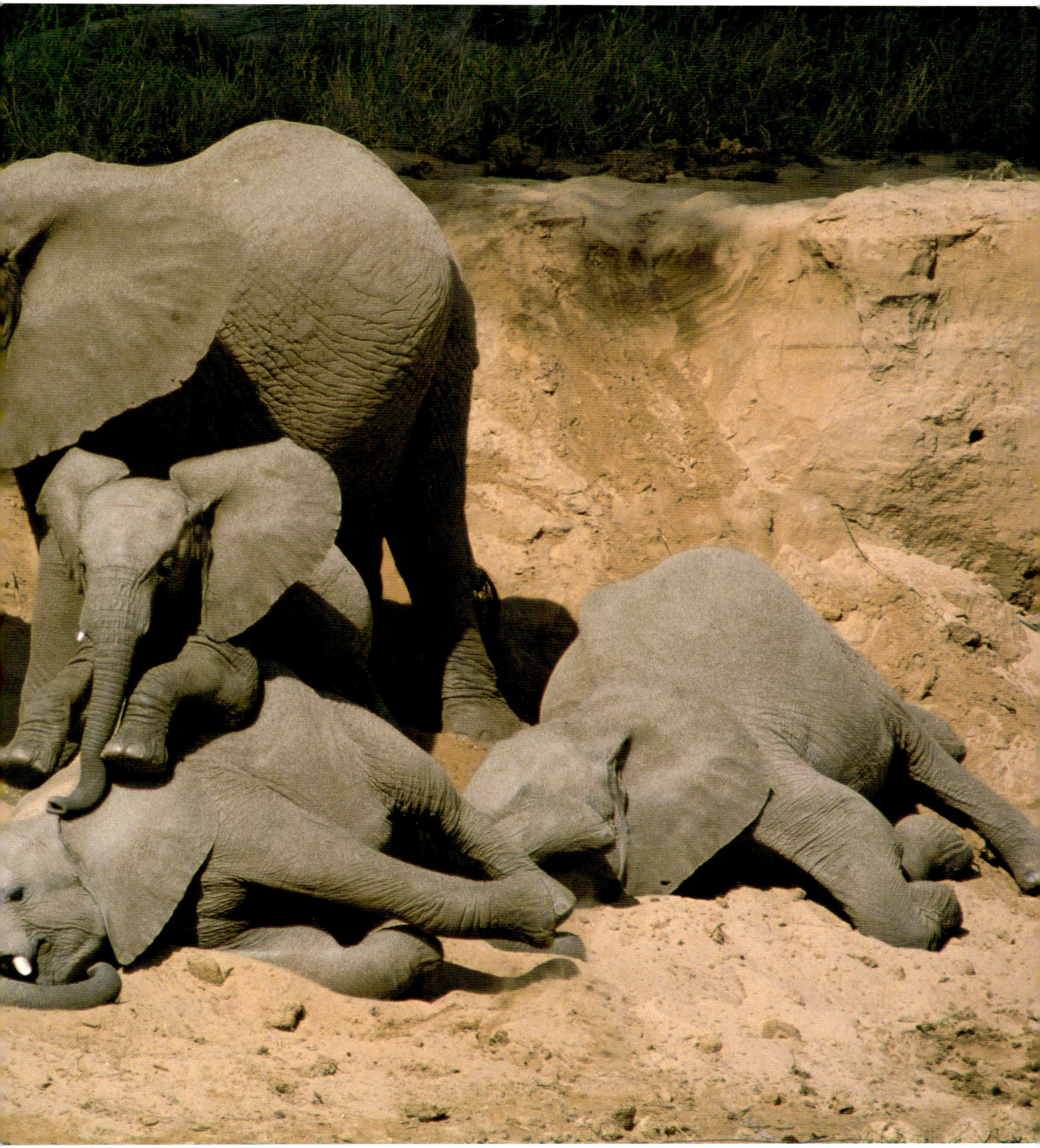

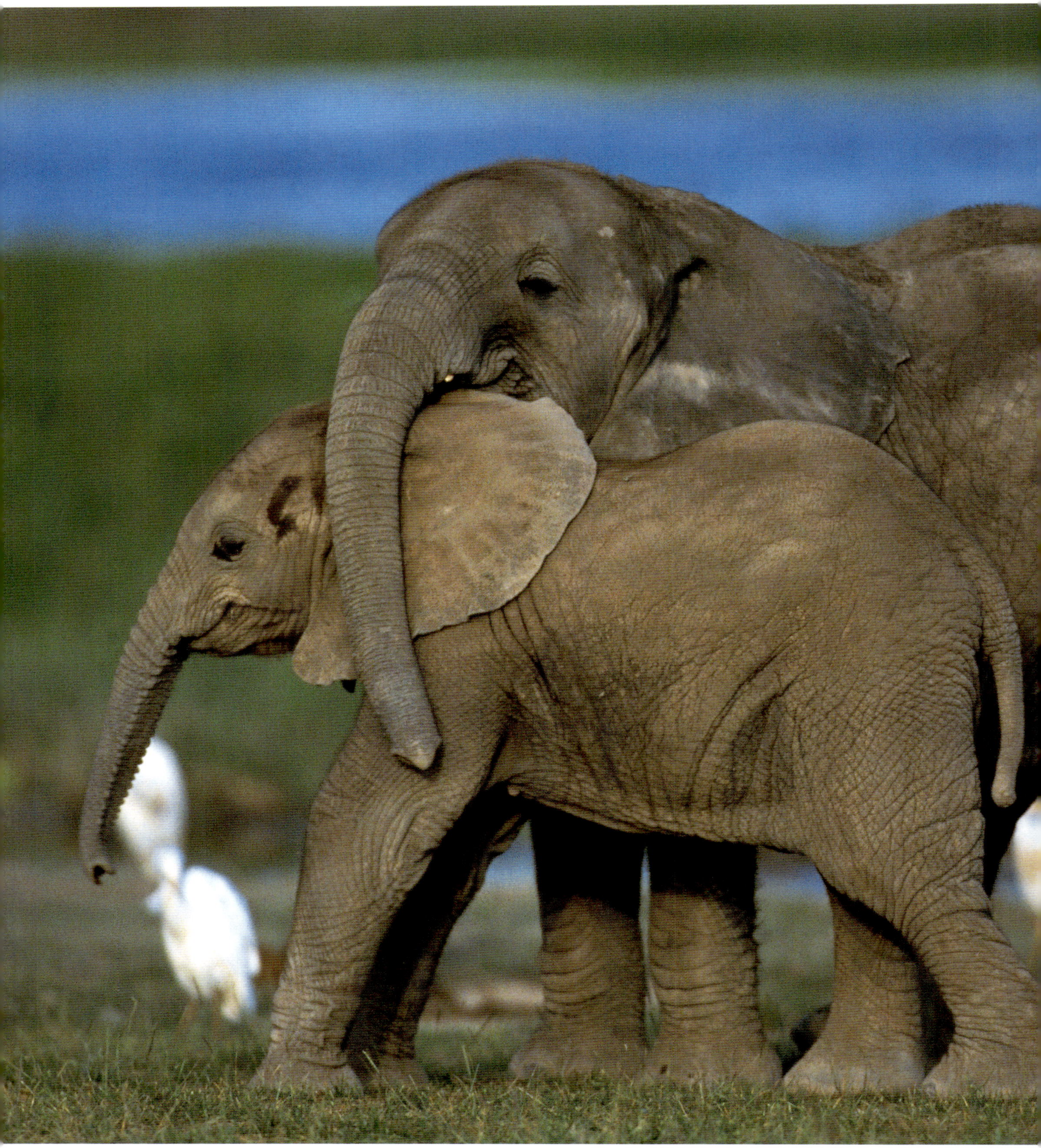

むれの子どもどうしは、
いっしょにあそぶのが　大すきです。
アフリカゾウは　4年おきくらいに　子をうむので
むれには　いつも　子どもや　赤ちゃんがいます。
鼻と鼻を　からめたり、頭どうしを　ぶつけあったり、
おにごっこをして　あそびます。
オスの子ゾウにとって、あそびは
しょうらい　およめさんを　かちとる　たたかいの
れんしゅうに　なります。

3、4さいになると、赤ちゃんは　ようやく　ちちばなれをします。

オスは　10さいくらいになると　ひとりだちをして　むれを出ます。

わかいうちは　数頭で　むれをつくることもありますが、

メスのむれのように　きまったメンバーではありません。

すっかりおとなになると、1頭だけで　くらします。

いっぽう、メスは　ひとりだちをしても　むれにのこります。

さいしょの　赤ちゃんをうむ　14、15さいまで、

むれの中では　子どもとして、おとなたちに　まもられながら　くらします。

31

解説 群れとの強い絆の中で──アフリカゾウ

　世界に3種いるゾウのうち、アフリカゾウは、アジアゾウ、マルミミゾウをしのぐ、もっとも体の大きなゾウです。体重は3トンから5トンもあります。アフリカ東部のキリマンジャロ山を背景に、悠々とサバンナを歩くアフリカゾウには、ライオンですらうかつに近づきません。

　ゾウの体には、ほかの動物にはない特徴がいくつもあります。なかでもいちばんの特徴は、長い鼻です。その鼻は、長さだけでなく、つくり自体が人間のものとは違います。まず、ゾウの鼻は上唇と一緒になって、長くのびたものです。したがって、ゾウには上唇がないのです。また、鼻には軟骨がありません。筋肉だけでできているため、自由自在に丸めたり、のばしたりといった柔軟な動きができるのです。水を飲むときには、6、7リットルもの水を吸い上げられます。といっても、ストローのようにそのまま鼻から飲むのではなく、つけ根まで水を溜めこんだのち、口に吹き込んで飲むのです。赤ちゃんのうちは、おとなほど器用に鼻を使うことはできませんが、毎日の練習で、しだいに、自分の思いのままに動かせるようになります。また、歯は常に2本しか口の中に生えていません。石うすのように植物をつぶす歯ですが、すり減ってくると、新しい歯が古い歯を押し出し、生えかわります。一生のうちで6本の歯を使います。太い円柱型の足や三角形の大きな耳も、アフリカゾウの大きな特徴です。

　ゾウの群れは、ふれあいをとても大切にしています。鼻をからませたり、頭同士をすりつけたりして、お互いが元気かどうかチェックし、絆を確かめ合うのです。群れの絆は動物の中でもとりわけ強いほうです。てきや密猟者に倒された仲間を助けに行ったり、死んでしまった子ゾウを守るように囲み、なかなか離れない群れの姿も見られます。群れ以外のゾウとも、においやしぐさ、さまざまな音域の声でコミュニケーションをとりますが、数キロメートル離れたゾウとも、情報をやりとりすることができます。お互いの発する人間の耳には聞こえない声（低周波音）を、地面を通じて足の裏で感じているのではないかと考えられ、研究がすすめられています。

　1930年頃には、300万から500万頭は生息していたと推定されるアフリカゾウは、現在50万頭を下回る絶滅危惧種です。象牙が目的の密猟や、温暖化による環境の悪化などが原因です。さまざまな手段で保護を試みていますが、この先、急増することはないと考えられています。

ちがいがわかる 写真絵本シリーズ

どうぶつの赤ちゃん

増井光子＝監修　小学校低学年～中学年向き

きびしい自然に生きる親子の絆を美しい写真で紹介。やさしい文章で、いろいろな動物の成長過程が学べ、シリーズを通して育ち方のちがいをくらべられます。貴重な動物の足がた（実物大）も掲載。

【第1期シリーズ全7巻】

ライオン	か弱い赤ちゃんが、たくましく育っていく過程から、肉食動物の成長を学習します。
シマウマ	生後まもなく立ち上がり、走り回るなど、草食動物にそなわった優れた能力を学習します。
パンダ	単独で生活するパンダの母子の絆や、特殊な食生活に適応した体のしくみを学習します。
ゴリラ	人間に近い赤ちゃんの成長を通して、穏やかな森の暮らしや群れのルールを学習します。
カンガルー	母親の袋で育つカンガルーのふしぎな成長過程を知り、有袋類の特殊な生態を学習します。
イルカ	海のほ乳類、イルカの成長を通じて、その優れた能力や、動物の環境適応力を学習します。
ペンギン	卵から生まれ育つ鳥類のコウテイペンギンを取り上げ、その子育てについて学習します。

【第2期シリーズ全7巻】

コアラ	半年間も母親の袋ですごすコアラの成長を通じ、有袋類のふしぎな生態を学習します。
ゾウ	女系の群れの中で生まれ、守られながら育っていくアフリカゾウの成長を学習します。
キリン	マサイキリンを取り上げ、生後すぐの様子など、草食動物が力強く生きていくすがたを学習します。
サル	日本の四季を背景に、ニホンザルの赤ちゃんの誕生からひとりだちまでを学習します。
キツネ	北海道のキタキツネを取り上げ、家族の強い結びつきや、ひとりだちの儀式を学習します。
シロクマ	シロクマとよばれる、ホッキョクグマの母子の絆や極寒の地に適応した生態を学習します。
アザラシ	生後たった2週間でひとりだちをするタテゴトアザラシの成長の秘密を学習します。

【編集スタッフ】
編集／ネイチャー・プロ編集室
（三谷英生・川嶋隆義）
文／宮崎祥子
写真／ネイチャー・プロダクション（浅尾省五／今森光彦／榎本功／吉野信）・Minden Pictures・Nature Picture Library・Auscape International Photo Library
図版協力／小宮輝之（キツネ足跡）・恩賜上野動物園・埼玉県こども動物自然公園・多摩動物公園
協力／よこはま動物園ズーラシア

装丁・デザイン／丹羽朋子

ちがいがわかる　写真絵本シリーズ　どうぶつの赤ちゃん

ゾウ

初版発行　2007年3月　第9刷発行　2018年3月
監修──増井光子
発行所──株式会社 金の星社
　〒111-0056 東京都台東区小島 1-4-3
　TEL 03-3861-1861(代表) FAX 03-3861-1507
　振替 00100-0-64678
　ホームページ　http://www.kinnohoshi.co.jp
印刷──株式会社 廣済堂
製本──東京美術紙工
NDC489　32ページ　26.6cm　ISBN978-4-323-04109-4

■乱丁落丁本は、ご面倒ですが小社販売部宛ご送付ください。送料小社負担にてお取替えいたします。
©Nature Editors, 2007 Published by KIN-NO-HOSHI SHA, Tokyo, Japan.

◀︎右後足のぜんたいの形

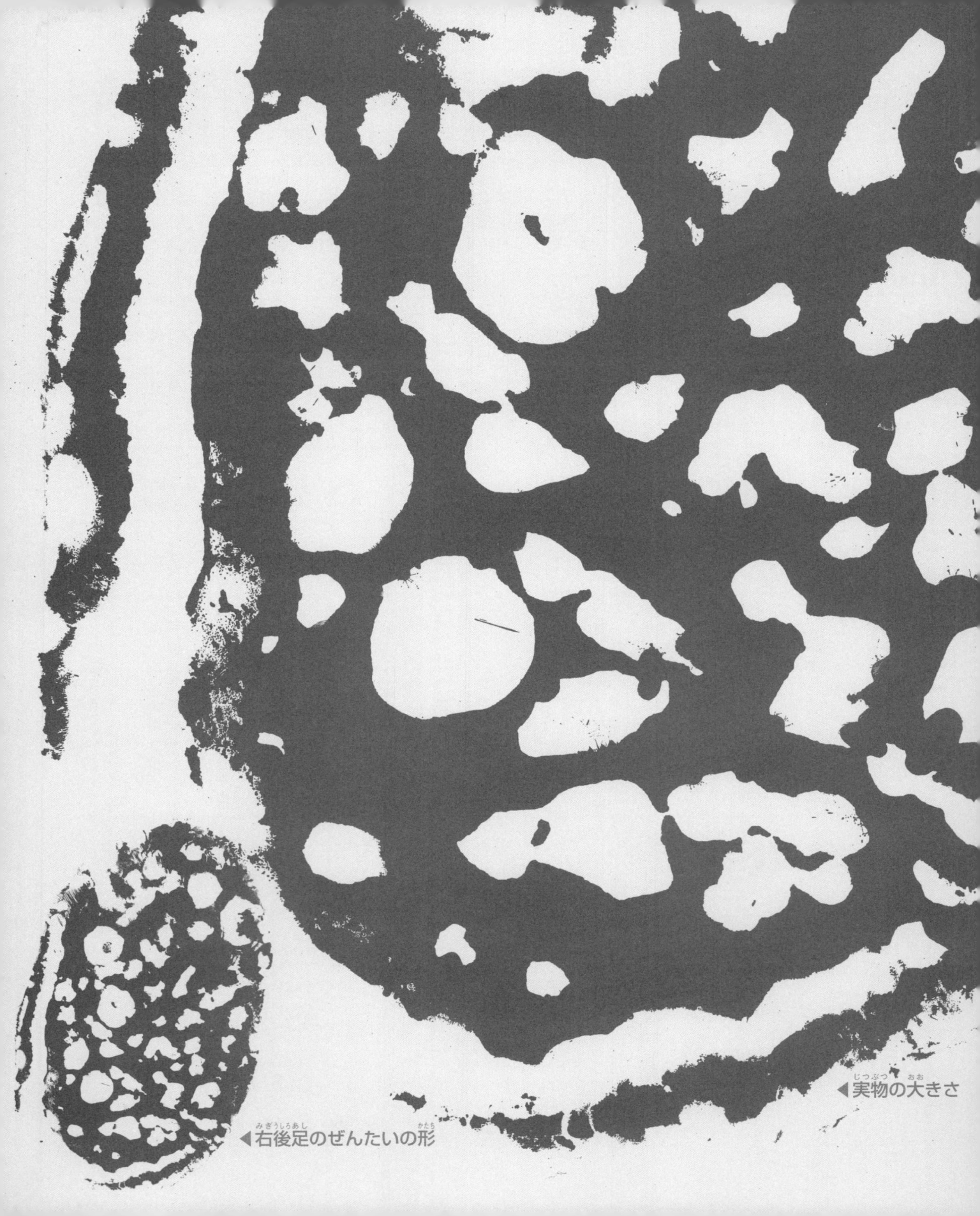

◀︎実物の大きさ